꼬마탐정 차례로 모나리자 하이재킹

蒙娜麗莎失蹤之謎

科學天才小偵探 ④

金容俊 김용준 著
崔善惠 최선혜 繪
吳佳音 譯

登場人物

車禮祿

十三歲，科學天才。任何事皆以科學的方式分析、說明才感到安心。爸爸媽媽前往無人島後，和爸爸的朋友羅迪博士一起生活。

羅迪博士

文化遺產及人類學的專家。討厭被叫「羅單身」，雖然對事情沒什麼主見又懶散，但在危機之中充滿義氣。

尹承閔（36歲）

智雅的爸爸。是國家棒球代表隊的變化球專家投手，但他的實力變差了，面臨被踢出球隊的危機，因此感到徬徨而疏忽了家庭。

黃庭延（36歲）

智雅媽媽。副機長，正在努力要成為國內少數的女機長。

尹智雅（13歲）

童星演員兼模特兒。因為在家庭劇中擔任小女兒，目前名氣廣為人知。結束了國外拍攝的行程，和爸爸一起在回國的途中。

基金會理事長（52歲，瑞士籍）

瑞士蘇黎世蒙娜麗莎基金會理事長，他的公司負責保管《艾爾沃斯蒙娜麗莎》畫作。

探員（35歲，英國籍）

為了防範恐怖攻擊而搭機的探員。

機長（43歲）

民航機機長，專門駕駛超大型的民航機。

車禮祿爸爸

舉世聞名的機器人科學家。但是和深陷於大自然魅力的太太，一起奔向太平洋的無人島。

車禮祿媽媽

揚名國際的化學家。現在正全心教育著無法適應校園生活的車禮祿。

達文西和蒙娜麗莎的故事

李奧納多 · 達文西

文藝復興時期

文藝復興始於十四世紀的義大利，直到十六世紀已傳播到許多歐洲國家。文藝復興是指一個文化發展的運動，歐洲文藝復興運動深刻的影響了當時人們在美術、文學、建築等各個領域。

文藝復興的起源與黑死病有關，但不是唯一的原因。當時，黑死病造成人口減少，也產生人們對神學世界的疑問，再加上十字軍東征帶來的富裕經濟，教會大分裂之後梵諦岡重新豎立羅馬的光榮，種種的因素造成文藝復興。

從十四世紀中期開始，許多人死於黑死病。如果得了黑死病，肢體末端可能會發黑壞死，大部分的患者都會死亡。黑死病據說是由老鼠身上的跳蚤引起的瘟疫，得到黑死病的患者，通常口水或排泄物也具有傳染性。

大量的人口減少，導致能夠工作的人變少了。因為人少了，就需要研發新技術取代一般人力的工作。為了提高生活品質，於是許多不同的領域都被發展出來。

李奧納多·達文西
（義大利人，1452年～1519年）

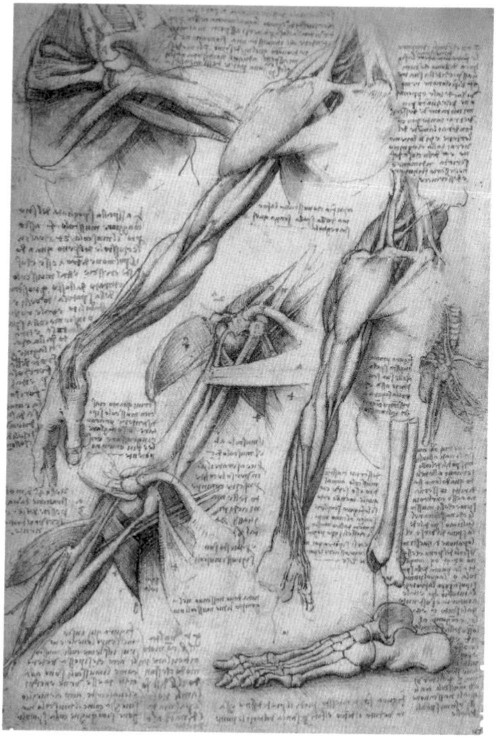

達文西記錄的男性人體圖

文藝復興時期的代表人物，若說是達文西的話，想必不會有人反駁吧！達文西被認為是一位博學家，他對世上所有存在的東西充滿了興趣，在科學、數學、雕刻、美術、建築、音樂、哲學等不同的領域，展現了自己的才華。達文西生活的年代，沒有照片或影像。如果要蒐集資料，只能靠眼睛看過，寫下來或畫出來。想要蒐集那些資料的達文西，只好自己寫字或畫畫。有人看過達文西畫的人體畫嗎？精準的程度足以媲美現代的照片水準。

達文西作畫的時候，是使用空氣遠近法和暈塗法，他以精巧的數學比例，創作了一幅《聖母領報》，這幅畫是達文西最早受委託的畫作，畫中已經呈現他自創的這兩種繪畫技巧。現代的人想到達文西的時候，就會想到他留下許多偉大的畫作，例如《最後的晚餐》、《施洗者約翰》、《岩窟聖母》、《抱銀貂的女子》等作品，如今最著名的畫作之一是《蒙娜麗莎》。

羅浮宮的《蒙娜麗莎》

廣為人知的《蒙娜麗莎》收藏於法國巴黎的羅浮宮博物館，所以又被稱為「羅浮宮的蒙娜麗莎」，它是一幅木板上的油畫。這幅畫的前面，總是擠滿了一群人。《蒙娜麗莎》的名聲很響，大家以為這幅畫似乎很大，但實際寬度為53公分，高度為77公分，比想像中還要小。

《蒙娜麗莎》畫的是義大利佛羅倫斯商人「喬康多」的太太。在義大利，已婚婦女的名字前面加上「Mona」的尊稱，「蒙娜麗莎」的意思是麗莎夫人。所以我們可以得知，畫中女子的名字是麗莎，她的本名為Lisa Gherardini，蒙娜麗莎的法文為La Joconde，義大利文則是La Gioconda。蒙娜麗莎以沒有眉毛聞名，據說在

法國羅浮宮博物館展出的《蒙娜麗莎》，吸引眾多人佇足觀看。

當時，高額頭的人被視為美人，甚至為了看起來漂亮，還會把眉毛剃掉。但也有人說這是一幅還沒有完成的作品，所以她才沒有眉毛。另有一派說法是，這是一幅數百年前的作品，在復原的過程當中，補上的眉毛消失了才會這樣。

羅浮宮的《蒙娜麗莎》

達文西生命最後的三年是在法國。那時候的法國國王很尊敬達文西，與米開朗基羅和拉斐爾不同的是，達文西沒有贊助人。法國國王邀請他住到一幢很大的房子，還讓他可以舒服的生活。達文西最後遺留的畫作是交給他的助手弗朗西斯科・梅爾齊保存，以感謝其在生活上的照料。也包含了《蒙娜麗莎》。

1911年，羅浮宮展示的《蒙娜麗莎》被偷了，隔天上午才被警衛發現畫作失竊。當時有一個名叫文森佐・皮魯賈（Vincenzo Peruggia）的維修工人，他把畫偷出後，先藏在他位於巴黎的公寓裡，兩年後再帶著它來到義大利。

文森佐・皮魯賈是義大利人，他表示不忍心看到同為義大利人達文西的《蒙娜麗莎》，落入其他國家的手中。基於愛國心，才會把那幅畫偷走。

一個阿根廷人瓦爾菲耶諾在《蒙娜麗莎》不見的期間，畫了許多偽造的畫作，並賣給有錢人。幸好真正的《蒙娜麗莎》要出售時，皮魯賈被逮捕了，所以才能歸還給法國。《蒙娜麗莎》展示時又受到攻擊，從此以後就設置了防彈玻璃，現在只能在一定距離以外觀賞。

《艾爾沃斯蒙娜麗莎》

2012年9月27日，瑞士蘇黎世蒙娜麗莎基金會向世界公開了《艾爾沃斯蒙娜麗莎》。《艾爾沃斯蒙娜麗莎》比羅浮宮的《蒙娜麗莎》早了大約10年。

藝術收藏家休・布拉克爾（Hugh Blaker）從英國薩默塞特郡一位貴族那裡，買下《艾爾沃斯蒙娜麗莎》。布拉克爾將畫放到倫敦艾爾沃斯的工作室，從此畫作就被稱為《艾爾沃斯蒙娜麗莎》。布拉克爾離世後四十年間，《艾爾沃斯蒙娜麗莎》被祕密保管於瑞士銀行的保險箱。

《艾爾沃斯蒙娜麗莎》的尺寸比羅浮宮的《蒙娜麗莎》還要大，模特兒看起來更年輕，因此有人說達文西畫的是自己心愛的女人。《艾爾沃斯蒙娜麗莎》的背景，比羅浮宮的《蒙娜麗莎》還簡單，像是未完成的作品，特別之處是有兩根柱子，又名「雙柱蒙娜麗莎」。這件作品是蒙娜麗莎的臨摹複製品，因為羅浮宮是允許畫家進入羅浮宮臨摹，根據羅浮宮紀錄，蒙娜麗莎被臨摹過數十次。此為臨摹版的其中一件畫作。

藝術界對於《艾爾沃斯蒙娜麗莎》的看法不一。有人主張達文西畫了兩幅蒙娜麗莎的肖像，其中一幅就是《艾爾沃斯蒙娜麗莎》，而《艾爾沃斯蒙娜麗莎》是羅浮宮《蒙娜麗莎》的臨摹品，但是也有人說達文西其實沒有畫兩幅蒙娜麗莎。

《艾爾沃斯蒙娜麗莎》公開後，有一些專家便分析了這幅畫。

《艾爾沃斯蒙娜麗莎》

他們使用放射性定年法、數位影像處理、生物辨識等多樣的技巧，結果顯示《艾爾沃斯蒙娜麗莎》似乎是達文西的作品。達文西活躍的時間點和圖畫的繪製年度相似、還發現達文西的指紋和羅浮宮的《蒙娜麗莎》相同。

儘管《艾爾沃斯蒙娜麗莎》是否為達文西的作品仍有爭議，他的名聲至今仍在世界流傳。

目錄

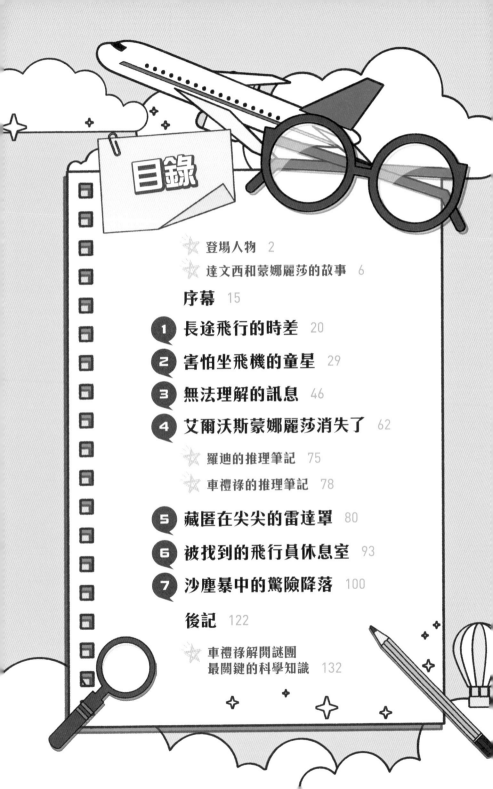

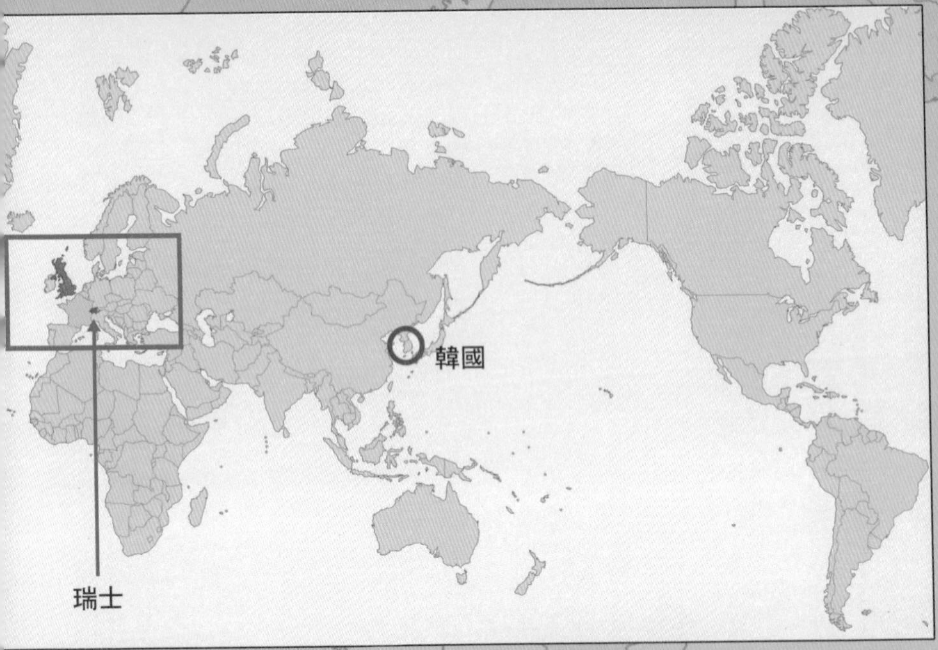
韓國
瑞士

愛爾蘭
英國
荷蘭
比利時
盧森堡
德國
白俄羅斯
波蘭
烏克蘭
捷克
斯洛伐克
摩爾多瓦
奧地利
匈牙利
羅馬尼亞
瑞士
法國
列支敦斯登
克羅埃西亞
塞爾維亞
波士尼亞與
赫塞哥維納
保加利亞
科索沃
義大利
馬其頓
土耳其
西班牙
阿爾巴尼亞
希臘

序幕

瑞士蘇黎世蒙娜麗莎基金會已經關上了燈，除了一個地方——理事長辦公室。理事長獨自坐在椅子上，他皺著眉頭，抖著一條腿，唸唸有詞：

「達文西愛的女人……，達文西愛的女人……」

有一名男職員開門進來。

理事長立刻從位子上跳了起來。

「怎麼樣？結果如何？」

職員邊喘氣邊說：

「那些專家分析的結果……」

「嗯，分析的結果，快點說！」

「我們基金會的《艾爾沃斯蒙娜麗莎》……」

「快點說！」理事長著急的向前走了一步。

職員點點頭，大聲的說：

「有，在上面發現了達文西的指紋。」

理事長閉緊雙眼，緊握雙拳。

「好，這樣就夠了。那些說《艾爾沃斯蒙娜麗莎》不是達文西作品的人，這下子可得閉上嘴巴了。」

理事長坐了下來，把椅子轉向後方，從寬大的窗戶往外望，在燈光照耀下可以看見市區景觀。

「《艾爾沃斯蒙娜麗莎》的價值將要一飛沖天了，馬上從歐洲開始展覽，然後到亞洲舉辦巡迴展。要讓更多的人看到它，這樣它的價格才會再上漲！」

理事長看著窗外，嘴角上揚，一旁的職員卻覺得背脊發涼。

1 長途飛行的時差

英國的天空萬里無雲，高掛的太陽照映著機場。

車禮祿和羅迪準備搭機返回韓國，他們在卡那封資優學校裡，找到了法老的

劍。但正確來說，是車禮祿找到法老的劍，羅迪則是被炒魷魚了。

「哎呀！我好不容易才得到當老師的機會。」羅迪走上登機梯時喃喃自語。

車禮祿和羅迪搭的飛機共有三層，包括底部的貨艙。這是一架用精密的尖端技術打造如藝術品般的大型客機。走在前面的車禮祿，回頭安慰著羅迪。

「在學校發生的事都順利解決了，那不是很好嗎？」

「對，全部都很好，除了我以外。」

這時，有一輛貨車載著一個大箱子，而且有好幾名保全跟著。羅

迪瞄了一眼說：

「那麼多保全跟著，應該是一幅名畫吧！」

車禮祿和羅迪朝著經濟艙走去，他們的位子在中間那一排，羅迪的在走道旁邊。

「如果位子在最裡面的窗邊就好了。」

車禮祿對感到惋惜的羅迪說：

「走道旁邊的位子也很好，去廁所很方便。」

不久後有一名空服員，拿著麥克風說明飛機上的安全事宜。

「本航班預計於中午十二點抵達韓國，祝您旅途愉快！」

羅迪看著手錶，現在是下午四時。

「到底要坐幾個小時的飛機？」

羅迪邊用手指算邊說：

「現在是下午四時，到明天中午十二時，大約是二十個小時？坐在這麼窄的椅子上真的很累！」

車禮祿伸出食指搖了搖。

「不是喔！」

「嗯？不是什麼？」

「只要搭十二小時就好了。」

「只有十二小時？」

車禮祿慢慢的說：

「韓國和英國有時差，韓國快了八小時。」

羅迪拍了拍膝蓋。

「啊，忘了有時差！」

機窗外的陽光灑了進來。

「現在是英國下午四時，再加上八小時就是韓國的時間。四加八等於十二，韓國現在是晚上十二時。」

「車禮祿，我會做加法，到底是要搭幾個小時的飛機？」

「再來用韓國的時間計算，韓國時間晚上十二時出發，中午十二時到達，所以總飛行時間是十二小時。」車禮祿回答說。

羅迪看向窗外。

「英國是大白天，韓國卻是晚上。」

「因為是地球的另一端啊！」

聽了車禮祿這一句話，羅迪彈了一下手指。

「等等，地球自轉的方向，是由西向東吧？」

「對啊！」

車禮祿放下書回答。羅迪則繼續說：

「那麼搭著向地球東邊的飛機的話，會更晚到不是嗎？」

「什麼？」

「我們現在要從英國去到在東邊的韓國，因為地球的自轉，韓國離我們越遠，不是嗎？飛機的速度要比地球自轉的速度快，我們才能更快到韓國，不是嗎？」

車禮祿笑著搖搖頭。

「飛行時間的長短與地球自轉並無關係，而是風向的問題，順風時受助力前進，逆風時則產生阻力。」

羅迪聽了歪著頭，車禮祿則繼續看著書。

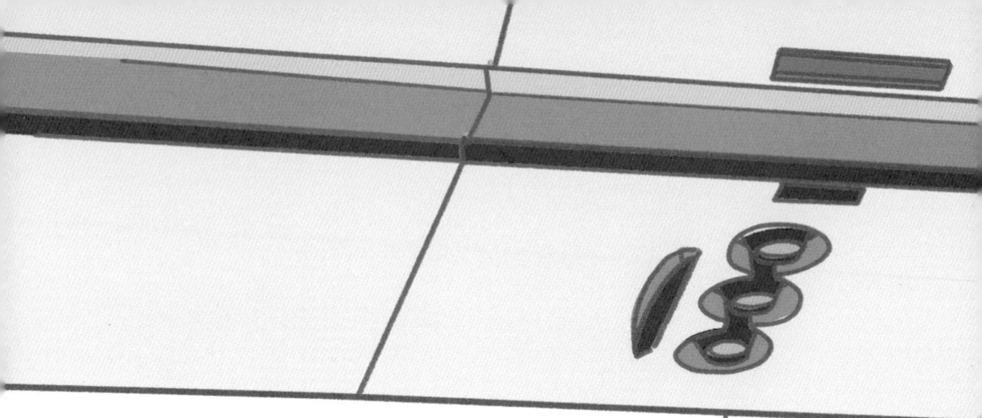

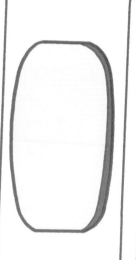

2 害怕坐飛機的童星

羅迪看了一眼坐在車禮祿旁邊的人。分別是戴著太陽眼鏡、長頭髮的小女孩和身材壯碩、高個子的男人，看起來像是一對父女。小女孩的年紀似乎和車禮祿差不多，而高個子的男人則好像和羅迪年齡相仿。羅迪看著那名男子，接著露出驚訝的表情。

「咦！這不是投

變化球的專家尹承閔選手嗎？」

尹承閔選手曾經是國家棒球代表隊的投手，他最厲害的就是變化球，但隨著年紀的增長，投球的技術不如以往了，不知道什麼時候會被球隊解約。最近因為無法發揮實力，感到徬徨不安，而忽略了家庭，太太和女兒對他也很灰心。

尹選手向羅迪點點頭、並打了招呼。小女孩調整了一下太陽眼鏡，嘴裡咕噥著。

「因為爸爸的關係，連安靜的搭飛機也做不到！你應該提前訂頭等艙！」

「媽媽是副機長，我以為她會處理。」

「又是媽媽的錯！所以媽媽才會不喜歡你！」

尹選手看起來很為難的樣子，羅迪看著小女孩後睜大了雙眼。

「咦！這不是童星尹智雅嗎？我有看那部電視劇，叫做……」

智雅雙手抱胸，冷冷的對羅迪說：

「對啦！可以請你安靜一點嗎？」

「咳咳！妳在戲裡面是很善良的。」

尹選手對羅迪感到很抱歉。

「對不起，她原本不是這樣的，因為家裡發生了一些事情才會這樣的。」

智雅直盯著爸爸看。

「那有什麼好讓你到處講的啊？」

智雅覺得媽媽想離開爸爸的原因，是因為爸爸的棒球實力退步了。

羅迪喃喃自語的把身體靠在椅背上。

「哎呀！丹妮珂比起她，可愛太多了。」

智雅坐在椅子上，上半身向前傾，瞪著羅迪。

「你說什麼？」

羅迪揮了揮手。

「沒有，沒什麼，我什麼話都沒說。」

智雅向後一靠，拿出耳機戴在耳朵上。

「怎麼搞的啊？一邊聽不到聲音？」

智雅生氣的拔下耳機，而尹選手指著螢幕對她說：

「妳可以看電影或追劇就好了，飛行過程中是不能使用手機的。」

「不要，我就是要聽我自己的音樂！」

坐在智雅旁邊的車禮祿合上書本，小聲的說：

「只要耳機可以發出聲音就好了嗎？」

「什麼？」

智雅這時看著車禮祿。

「我來修理。」

一聽到車禮祿說的話，智雅便把耳機交了出來。車禮祿檢查了耳機，發現插頭歪了，裡面的電線好像斷了。車禮祿從口袋裡拿出一把小的瑞士刀，羅迪在旁邊看著。

「你是什麼馬蓋先嗎？」

「那是什麼？」車禮祿聳聳肩。

「是我小時候在電視影集中認識的男主角，他能夠使用瑞士刀解決任何困難。」

「你這麼老了。」智雅喃喃自語。

「咳！講話真沒禮貌。」

車禮祿把耳機拆開，將電線接上，最後用膠帶把拆開的地方黏好。

智雅接過耳機後放到耳朵裡。

「哇！真的有聲音了！」

智雅戴上耳機後，邊聽音樂邊哼歌。這時走來一位穿著機師制服的女士，她走向智雅。智雅拿下耳機，站起來抱住了那位女士。

「媽媽！」

剛剛凶巴巴的智雅不見了，現在的智雅就像電視劇裡看到的孩子一樣。尹選手從座位上站了起來。

「親，親愛的……」

那位副機長是智雅的媽媽，她現在和尹選手分居。智雅媽媽假裝沒有看到尹選手，對著智雅說：

「智雅，怎麼了嗎？」

「嗯，耳機本來壞了，但他幫我修好了。」

智雅媽媽笑著看了車禮祿後，讓智雅坐回椅子上。

「在飛機上不要太吵，起飛後才可以使用電子產品。」

「好！」

尹選手看著智雅媽媽，一臉尷尬。智雅媽媽對於不努力工作、不顧家的尹選手感到很失望。這時機長走了過來，對著智雅媽媽大聲的

說：

「副機長！我不是說過妳不能離開座位嗎？」

「是的！」

智雅媽媽轉過身朝著駕駛艙走去。智雅對於機長那樣對媽媽說話很不高興。羅迪靠著椅背，閉上眼睛說：

「現在總算是安靜了。」

一陣子後，飛機緩緩移動，在跑道上漸漸加快，然後飛上了天空。車禮祿旁邊的智雅握緊拳頭，閉著眼睛說：

「這麼巨大的物體到底是怎麼飛上天的啊？」

車禮祿看智雅好像很緊張，便回答了她。

「飛機是利用升力的原理飛上天空的。」

智雅睜開眼睛，看著車禮祿。

「升力？」

「升力就是物體受到垂直方向上升的力，如果物體兩面的壓力不同，壓力高的地方會往壓力低的地方移動。」

智雅點點頭問道。

「原來如此，但是這與飛機飛行有什麼關係？」

「飛機的機翼就是那個物體。」

「機翼？像鳥的翅膀一樣，但是無法動作的機翼？」

「對，飛機的機翼雖然不能拍打，但機翼上表面的弧線長度比下面還要長。當飛機在跑道上滑行，配合襟翼延展彎向下方的攻角而快速向前移動的時候，飛機就會得到升力而飛起來。」

「為什麼？」

「機翼穿過空氣時，上下通過的空氣量是相同的，但是機翼上面的弧度比較長，所以流動的速度比較快。」

智雅一邊聽一邊想。

「好像真的是這樣，下面比較短，空氣通過的速度比較慢。」

・飛機飛行的原理・

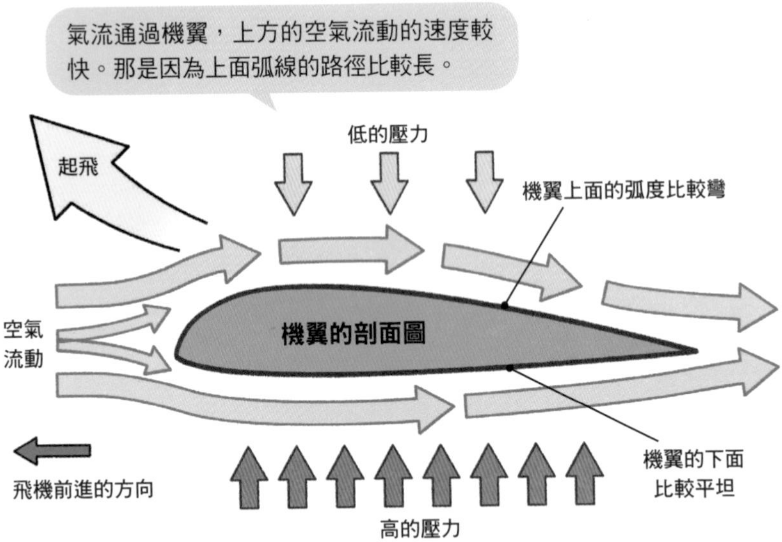

氣流通過機翼，上方的空氣流動的速度較快。那是因為上面弧線的路徑比較長。
起飛
低的壓力
機翼上面的弧度比較彎
空氣流動
機翼的剖面圖
機翼的下面比較平坦
飛機前進的方向
高的壓力

「對，機翼下面的壓力增加，所以就會推向壓力低的上面，那股力量就是升力。」

「這就是飛機起飛的原因！」

在車禮祿和智雅聊天的時候，飛機完全飛上了天空。平時搭飛機時，智雅沒什麼特別的想法，今天卻好像了解到一些什麼。智雅想到不久後即將成為機長的媽媽，不禁露出驕傲的表情。

3 無法理解的訊息

飛機成功的飛上天空，窗外可以看到朵朵白雲。飛機順利起飛，機艙裡的乘客都鬆了一口氣。空服員來回的走動，查看著乘客的需求，羅迪對空服員招了招手。

「請給我一杯可樂。」

空服員給了羅迪可樂後離開，車禮祿問著。

「大人通常不都是喝咖啡嗎？」

羅迪左右搖動著手。

「車禮祿，你在說什麼？咖啡含有咖啡因，咖啡因對身體不好，所以我才選擇可樂。」

「為什麼咖啡因不好？」

羅迪通常假裝很懂的時候，都會擺出自以為很厲害的表情。

「咖啡因會刺激腎上腺素分泌，過量會導致頭痛，發抖、焦慮、失眠、心跳過快，所以不太好，現在懂了吧，哈哈哈！」

車禮祿點點頭回應著。

「原來是這樣，但是可樂也含有咖啡因。」

羅迪喝了一口可樂，還來不及吞下去。

「噗！」

空服員走過來，遞出一條紙巾。羅迪一邊擦著椅子和衣服邊說：

「車禮祿，你應該早點說啊！」

不知不覺，飛機已離開了英國的天空。

羅迪拿出手機看了看。

「不會吧，為什麼無線網路的費用這麼貴？」

哎呀，洪會長！

老狐狸先生

羅迪博士，怎麼想到聯絡我啊？
你不是到處宣傳，要去英國的資優學校當老師？

我怎麼會這樣……^^

老狐狸先生

看起來英國的事情進行不太順利。

不是這樣的。我是因為想念韓國，才會回來的。我現在已經在飛機上了。

老狐狸先生

好啦，我知道了。對了，你知道蒙娜麗莎將要在韓國展覽吧？

蒙娜麗莎畫展？羅浮宮的蒙娜麗莎嗎？

老狐狸先生

原來你什麼都不知道啊！是艾爾沃斯蒙娜麗莎，現在那幅畫可能跟羅迪博士搭同一班飛機呢！

什麼？這班飛機？

老狐狸先生

它在整個歐洲巡迴展覽，最後一站是英國。現在要到亞洲展覽，那幅畫正在你搭的那架飛機上。

這麼看來，是要到我們國家。
亞洲巡迴展覽，第一站是韓國！

老狐狸先生

沒錯！

這不就是我們國家的地位？這個展覽太棒了！我也想參與這麼棒的活動！

老狐狸先生

我們國家的地位本來就高，你有這個心就好，有時間再跟你聯絡了。

哎呀！別這麼說，會長！是否讓我有機會在展場……，會長！

會長？

會長……T_T

「為什麼要用無線網路？」

「我必須通知文化遺產學會的會長，跟他說我要回韓國了，這樣他才能幫我安排工作機會啊！在飛機上不能打電話，只能傳訊息給他了。」

看著會長的訊息，羅迪嘆了一口氣。車禮祿看向羅迪，並且安慰他。

「不管怎樣，會有好的結果啦！」

「達文西愛的人！」

「什麼？」

「達文西以畫他所愛的人而聞名。《艾爾沃斯蒙娜麗莎》畫中的女人，和羅浮宮博物館《蒙娜麗莎》相比，明顯較年輕。」

羅迪的手機突然響了一聲，他開心的拿出手機。

「看吧！會長是不會拋下我的。」「什麼？誰傳這種玩笑訊息？」

「怎麼了呢？」

「有人傳來一則奇怪的訊息，說飛機載有炸彈！」

隔著走道坐著的男人，立即起身來到羅迪的身邊。

「你剛剛說什麼？」

羅迪看著那男人。

「你是誰？」

「我是負責這趟航班維安的探員，你剛剛說收到簡訊嗎？」

「啊，或許有人在開玩笑吧！」

「看來你不了解事件的嚴重性，我現在必須先沒收你的手機。」

「你說什麼？這是我的手機，為什麼要沒收？」

探員拿著羅迪的手機，並查看簡訊內容，此時一名空服員前來詢問。

「有什麼問題嗎？」

探員向空服員出示了自己的身分證件。

OO XXXX OO
차례로
「파라오의 검」
되찾다!

訊息
未知名
飛機載有炸彈。

「我是維安探員，我需要馬上和機長見面。」

空服員急忙的趕往駕駛艙，不久之後，機長和空服員來到了經濟艙。探員問機長：

「這班飛機是誰負責呢？」

「是我和一名副機長。」

「只有你們兩位嗎？只有一組人員嗎？」

通常十二小時的飛行需要兩組人員，但因為有人休假人力不足，所以現在只有一組人員。若是天氣狀況不錯，加上自動導航儀的輔助飛行，不會有太大的問題。

探員把羅迪的手機給機長看了說：

「有人收到一封簡訊說有炸彈。」

附近座位的乘客一聽，大聲的喊叫：

「飛機上有炸彈？」

機長看向乘客們，試著安撫他們。

「請大家別擔心，冷靜點，只是收到一封簡訊。」

這時，後排的幾位乘客正在看手機，同時大喊著。

「我也收到了！」

「我也是，他們說飛機上有炸彈！」

探員檢查了其他乘客的訊息，都跟羅迪收到一樣的內容。

機長皺著眉頭說：

「怎麼會這樣？到底是誰……，看來要先讓飛機降落了。」

機長準備離開的時候，探員攔住了他。

「就算是開玩笑的訊息，也不能就這樣算了，應該要先調查一下……」

「你在說什麼？乘客們的安全才是目前最重要的事情！」

看著機長強硬的態度，探員只好同意了。

「最近的機場在哪裡？」

「在阿拉伯聯合大公國的阿布達比機場，大約三、四個小時。」

機長走回駕駛艙，車禮祿看著機長的背影。

探員決定對整架飛機進行搜查，這時有人慌張的從廁所裡拎著褲子出來，向著探員大聲嚷嚷。

「你剛才是說炸彈嗎？」

原來他是蒙娜麗莎基金會的理事長。

4 艾爾沃斯蒙娜麗莎消失了

從廁所出來的理事長一聽到炸彈，靠著椅子猛搖頭。聽完探員的解釋，理事長情緒激動地說：

「馬上，馬上讓飛機降落！這架飛機上有蒙娜麗莎！」

飛機上的乘客議論紛紛，探員大聲的說：

「大家現在請先安靜，目前混亂的狀況，可能是某個人的陰謀。

請大家配合空服員的指示，坐在自己的位子上，機長會讓飛機停在最近的機場。」

空服員忙著安撫乘客們，智雅不發一語的坐在位子上，看起來比大人還要鎮定，可能是因為她還不太明白事情的嚴重性。

從探員那拿回手機後，羅迪露出擔心的表情。

「如果找到炸彈後要怎麼做？飛機上有什麼地方可以處理炸彈？又不能叫拆彈專家來！」

探員回答了。

「如果找到炸彈，會把它移到後面的門，讓所有的包包和行李覆

蓋住，所有乘客疏散到飛機上層最前面的位置。」

這時在旁邊聽的車禮祿開口：

「最重要的是降低飛機的高度。」

「飛機的高度？」羅迪看著車禮祿。

「對，飛機必須飛得很低，大約距離地面二點四公里的地方。」

「為什麼？」

「這樣飛機內、外的氣壓才會差不多。」

「氣壓差不多的話，炸彈才不會爆炸嗎？」羅迪歪著頭。

車禮祿搖搖頭。

「不是，高度越高的地方，空氣越稀薄，氣壓會越小。高空飛行的時候，機艙內部的氣壓則保持在人們習慣的數值，也因此，機艙內的氣壓會比外面的氣壓大很多。如果炸彈將飛機炸出一個洞……那一瞬間，飛機可能會支離破碎。」

羅迪吞了一口口水。車禮祿繼續說：

「這就像搖可樂一樣，內部壓力升高時，如果打開蓋子，可樂就會高速噴出來。」

探員露出讚嘆的眼神，點了點頭。

「這個孩子說的對，馬上檢查所有的行李是否有炸彈。」

站在一旁的蒙娜麗莎基金會理事長大喊：

「檢查行李？不可以隨便碰蒙娜麗莎！」

「裝著蒙娜麗莎的箱子也需要打開檢查。」

理事長搖了搖頭。

「你知道這件作品的價值多少嗎？如果它有任何一點損壞，你可以擔負責任嗎？」

「那就請你跟我們一起去確認吧！」

探員和理事長、空服員、基金會職員一起走往飛機最下層的貨艙。車禮祿假裝要去洗手間，默默地跟在後面。探員發現了車禮祿的行動，

但是考量他有豐富的科學知識，就沒有阻止他了。

「從蒙娜麗莎開始確認吧！」

由於理事長的要求，他們先打開裝有蒙娜麗莎的箱子。車禮祿站在往貨艙的樓梯上看著他們，基金會職員們打開蒙娜麗莎的箱子，理事長搖了搖頭。

「這裡面應該不會有炸彈吧？」

箱子打開後，裡面空蕩蕩的，並沒有炸彈。基金會理事長嚇了一大跳，因為竟然連蒙娜麗莎也沒有。

車禮祿悄悄的回到座位上，幾個小時後，探員一行人回到了客艙，理事長神情恍惚的走回自己的座位，探員對著乘客們說：

「目前沒有發現炸彈，大約一個小時後，我們將會降落阿拉伯聯合大公國的阿布達比機場，請大家耐心等待。」

這時，理事長突然站起來大喊：

「我的蒙娜麗莎呢？請幫忙找到我的蒙娜麗莎吧！它到底跑到哪裡去了？」

探員冷靜的說：

「可能是有人在起飛前偷走它了。」

理事長一臉不相信的反駁。

「我從箱子一關上到裝進貨艙，一直都在它的旁邊看著。」

羅迪驚訝的對車禮祿說：

「他說《艾爾沃斯蒙娜麗莎》不見了！」

「好像是這樣沒錯。」

「這是怎麼一回事！在這架飛機裡，那幅畫還會在哪裡？」

飛機持續平穩飛行著，沒有再收到其他威脅的簡訊，人們鬆了一口氣，現在只要從阿布達比機場換搭另一班飛機就好了。基金會理事長像失了魂似的喃喃自語，《艾爾沃斯蒙娜麗莎》不見了，意味著蒙娜麗

莎基金會也要倒閉了。

羅迪看了一眼理事長，對著車禮祿說：

「那個人不是在演戲吧？」

聽到羅迪說的話，智雅拿下了耳機。

羅迪繼續說：

「他是為了掩飾自

己做的事在演戲吧？維多會長不也這樣嗎？為了要詐領保險金而把《在亞爾的臥室》藏起來。」

智雅稍微站起身，看了看理事長，又坐了下來。

「如果他是演戲，那就可以得最佳男主角獎了。」

羅迪聽了她說的話，心裡有點不高興。

「智雅小姐，妳不認同我的推理嗎？」

智雅沒有回答。這時，探員對著空服員說：

「我需要檢查座位上方的置物箱，從頭等艙開始。」

探員和幾名空服員往前面走去，理事長也趕緊起身，跟著探員走

了過去。

車禮祿一直在看羅迪的手機，羅迪對著車禮祿抱怨。

「車禮祿，如果你使用太多的網路流量，是要付更多錢的。」

「我看完了。」車禮祿把手機還給羅迪。

車禮祿從他的座位上起身去了洗手間，智雅安靜地跟在後面。

剛要進洗手間的車禮祿發現了智雅。

「怎麼了？妳也要上廁所嗎？」

智雅東張西望後，對車禮祿說：

羅迪的推理筆記

人物1：基金會理事長

他是為了巨額保險金才這麼做的嗎？
給人的印象不是很好。

人物2：探員

他可以去任何想去的地方。
只注意我一個人。

人物3：尹選手

最近面臨被踢出球隊的危機。
和家人的關係好像也不是很好。
如果被趕出家門，可能需要錢……

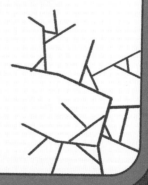

「不是，你剛才在看飛機的設計圖嗎？」

「嗯！」

「現在你要去找炸彈嗎？」

車禮祿微笑著，把眼鏡往上推了推。

「沒有，應該沒有。」

「嗯，沒有什麼？」

「炸彈。」

聽了車禮祿的話，智雅搖搖頭。

「既然你說沒有炸彈，那為什麼要看設計圖？」

「我要找《艾爾沃斯蒙娜麗莎》。」

車禮祿對著智雅，從口袋裡拿出筆記本。

車禮祿的推理筆記

《艾爾沃斯蒙娜麗莎》在哪裡？

1）貨艙

貨艙已經檢查過了，但沒有發現。

而且也沒有理由要藏在這裡。

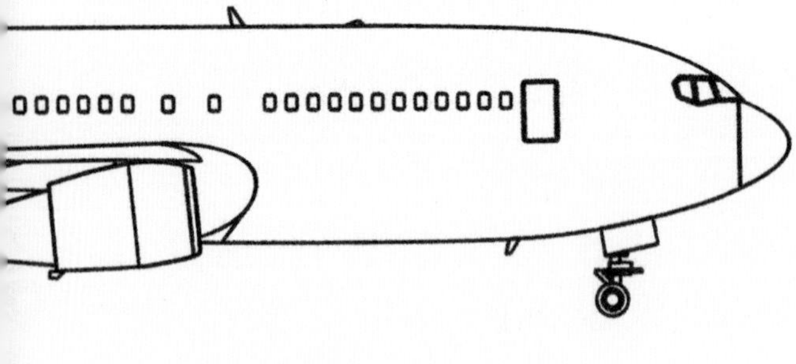

2）座位上方置物箱

圖畫的尺寸大小，很難放入置物箱，而且乘客也會看到。

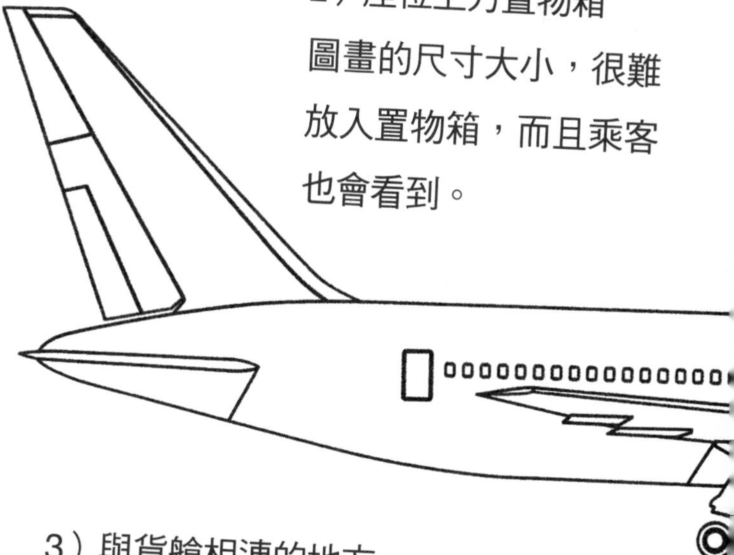

3）與貨艙相連的地方

有可能會在與貨艙相連的某個地方。

5 藏匿在尖尖的雷達罩

車禮祿關上洗手間的門，然後站在洗手台上，打開天花板。車禮祿先爬上去後，對智雅伸出了手，讓她也可以爬上去。

「這條通道通往飛行裝置所在的地方，如果要修理設備時，都會使用這個路徑，這條通道可以通往機上的任何地方。」

車禮祿和智雅在狹窄的通道裡移動著，然後到了駕駛艙附近。智雅小聲地問：

「這裡不是飛機最前面的地方嗎？」

「對，飛機的最前端有雷達系統。」

「雷達？」

「對，通常在小型客機裡是去不了的地方，但是這架飛機很大，所以不一樣。」

車禮祿和智雅從小梯子下去，走往貨艙的方向，在角落處看到了升降梯。升降梯被其他行李擋住了，所以很難被發現。車禮祿把東西

移開後，打開了門。

車禮祿和智雅縮起腰，進到升降梯裡。車禮祿按下按鈕後，升降梯慢慢的上升，然後停住了。車禮祿和智雅打開門，出去的地方是準備食物的廚房。正在準備餐點的空服員，突然看到有兩個小朋友，從他們也不知道的升降梯裡出來，被嚇了一跳。

「你們是誰？」

智雅往前站了一步，假裝很認真的表情演著戲。

「啊，我是在找洗手間，怎麼會到這裡來呢？」

空服員帶著智雅和車禮祿前去洗手間，然後兩人回到了座位。羅

迪在座位上睡著了，車禮祿踢了他一下，他睜開雙眼大喊著。

「不是、不是我啊！」

醒過來的羅迪看著車禮祿。

「喔，原來是車禮祿！真是嚇了我一跳，你去過洗手間了嗎？」

「對，可是飛機上好像有地方沒有檢查到。」

「真的嗎？」

就在這個時候，從頭等艙傳來基金會理事長宏亮的聲音。

「在這裡！在這裡啊！」

過了不久，基金會理事長走來經濟艙，走向檢查置物箱的探員。

理事長戴著白手套，手上拿著一幅畫。

「你看看這個！我找到《艾爾沃斯蒙娜麗莎》了，它在頭等艙的餐具櫃裡面！」

探員看著畫說：

「它為什麼會在那裡呢？」

理事長不太高興的說：

「當然是有人偷走的，說什麼有炸彈，我看是假的吧！」

理事長很高興找到了《艾爾沃斯蒙娜麗莎》，兩手捧著畫一直看著。

「這幅畫如果有任何損壞，我會對航空公司提起訴訟的。」

羅迪稍微起身，看著《艾爾沃斯蒙娜麗莎》。

「嗯，好像有點奇怪……」

理事長看著羅迪大叫：

「你、你就是問題所在！現在到底有什麼奇怪？」

「我嗎？我只是覺得這幅畫好像有點不同……」

「什麼？你的意思是這幅畫不是真的？」

理事長打量著羅迪，心裡想著。這樣的人看一眼《艾爾沃斯蒙娜麗莎》，就可以知道是真是假嗎？

羅迪努力解釋著說：

「沒錯，《艾爾沃斯蒙娜麗莎》畫中的人，與羅浮宮的《蒙娜麗莎》相比，看起來更年輕。可是這幅畫中，有一邊的嘴角下垂，就像羅浮宮的《蒙娜麗莎》。」

理事長仔細看著手上拿的畫，他發現嘴角的方向好像真的不一樣。羅浮宮的《蒙娜麗莎》就是以她的微笑而聞名，一邊的嘴角上揚，另一邊卻稍微向下，一開始看似溫柔的笑容，繼續看的話，又像是悲傷甚或是嘲笑的感覺。因為同時流露出不同感受的神祕微笑，所以羅浮宮的《蒙娜麗莎》更加出名。

研究文化遺產的羅迪，也曾研究過蒙娜麗莎特別的微笑，所以可以一眼辨別出《艾爾沃斯蒙娜麗莎》是真還是假，但是一般人很難區別。理事長聽到這幅畫是假的，絕望的大吼：

「這個人就是犯人！他怎麼知道這幅畫是假的？一

開始也說是他手機收到有炸彈的簡訊，我看就是他自導自演。」

探員點了點頭。

「羅迪先生，一直到飛機降落，你都必須坐在位子上，哪裡都不行去。」

探員從懷裡拿出手銬，羅迪雙手左右揮舞著。

「不是的，我什麼事都沒有做！」

探員準備給羅迪戴上手銬，這時原本安靜的車禮祿開口了。

「我好像知道《艾爾沃斯蒙娜麗莎》在哪裡了。」

探員停了下來，看著車禮祿。

「你說真的嗎？我以為所有的地方都找過了，我們到底哪裡沒檢查？」

車禮祿有點猶豫的開口了。

「機頭的雷達罩。」

「那個地方不是要從飛機外面打開才可以進去嗎？」

車禮祿點點頭。

「通常是的，但這是一架大型的飛機，從裡面也是進得去的。」

「要從哪裡進去呢？」

「可以從飛行員休息室的門進去，駕駛艙下面有一個飛行員休息室，飛行員可以在那裡睡覺。」

基金會理事長聽了之後，對著一旁的空服員大吼：

「為什麼沒有讓我知道這件事？」

空服員不知所措的回應道。

「我以為那個地方無法進去……，我們也是第一次在這種新型的

飛機上工作……」

探員和理事長朝著駕駛艙走去，羅迪和尹選手雖然試圖攔住車禮祿和智雅，但他們還是默默的跟著去了。

6

被找到的飛行員休息室

探員和理事長敲了敲駕駛艙門，有人從門上的小窗往外查看，接著機長開了門走出來。

「有什麼事嗎？」

探員看著駕駛艙內部說：

「請問這裡有飛行員休息室嗎？」

在機長身後的智雅媽媽副機長說：

「有的，可以從這裡面爬梯子下去。」

機長轉過去對著副機長大吼：

「妳只要注意飛行就好！」

智雅聽了似乎想說點什麼，但又怕造成媽媽的麻煩，所以忍住了。

機長再次看著探員。

「有一個休息室，但門是鎖的，所以不可能有人進來。」

「只有這個地方沒有確認過，所以我需要檢查一下。」

「這可不行，就算你是探員，也不能進來駕駛艙。」

「現在已經快到阿布達比機場了，請再稍等一下。從剛剛到現在，不是沒發生什麼事嗎？」

走回座位的路上，車禮祿小聲的對探員說：

「我知道怎麼去下面。」

「什麼？」

探員驚訝的看著車禮祿，智雅點點頭。

「沒錯，因為我也一起去了。」

智雅和理事長回到座位坐了下來。

車禮祿和探員一起來到了廚房，探員說：

「這是剛才找到假的《艾爾沃斯蒙娜麗莎》的地方。」

接著車禮祿和探員輪流搭升降梯到最下層的貨艙，車禮祿把飛行員休息室的位置告訴探員，探員看到飛行員休息室後，趕緊打開門進去了。不到一會兒，探員就拿著一幅畫出來，果然是《艾爾沃斯蒙娜麗莎》。

羅迪坐在位子上等著車禮祿，車禮祿和探員拿著《艾爾沃斯蒙娜麗莎》回到經濟艙。基金會理事長一看到那幅畫非常興奮，接著憤怒的吼著：

「到底是誰做了這件事？」

車禮祿說：

「當然是可以進出駕駛艙、對飛機內部瞭若指掌的人。」

探員點點頭。

「剛剛空服員說這是他們第一次在這架飛機上工作……這樣的話，嫌疑人就只有機長和副機長了。」

一旁的智雅大聲的替媽媽辯護。

「我媽媽絕對不可能這樣做的！」

車禮祿抓住智雅的手，要她冷靜下來。

「對的，機長指示飛行過程中絕對不能離開駕駛艙，所以副機長只能服從命令。」

探員又點了點頭。

「車禮祿的推理是有道理的，我應該要去找機長了。」

「請小心！」車禮祿對探員說。

探員笑了笑，請大家放心，便走向駕駛艙。基金會理事長也拿著《艾爾沃斯蒙娜麗莎》，跟著探員一起去了。

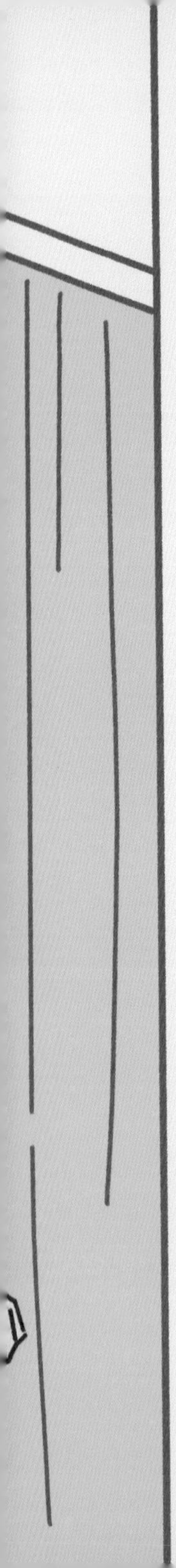

7 沙塵暴中的驚險降落

所有的乘客以為事情已經順利解決，大家都安心的坐在座位上。

可是平靜並沒有維持多久，在駕駛艙及頭等艙之間似乎發生了什麼事，頭等艙及商務艙的乘客都被趕到經濟艙，原來是機長拿著槍把大

家逼到後面來，還可以聽見機長大聲喝斥的聲音。

「現在我們受到恐怖份子的威脅，我以機長的身分命令，所有的乘客及空服員都移動到經濟艙。」

探員及理事長也混在人群之中，但理事長沒有拿著畫。車禮祿對著探員問：

「發生什麼事？」

「當我透露找到了《艾爾沃斯蒙娜麗莎》，他就拿出了槍。」

車禮祿問理事長。

「畫呢？」

「機長把畫搶走了，機長就是犯人！我們都是人質了！」

「從一開始，他就是想把假的《艾爾沃斯蒙娜麗莎》偽裝成真的，然後到機場後才把真的劫走。」

探員點點頭。

「這樣的話才不會被懷疑，也可以到達韓國。」

頭等艙那一邊，機長仍然拿著槍。智雅一副快要哭出來的樣子。

「我媽媽呢？我媽媽怎麼辦？」

尹選手摟著發抖的智雅，看著遠方的機長，羅迪說：

「機長為什麼把槍拿出來？飛機降落後要怎麼處理啊？」

車禮祿想了想。

「他可能想要亂扣帽子吧！」

周圍的人同時喊了出來。

「亂扣帽子？」

「現在大家都退到飛機的後面，駕駛艙只剩下機長和副機長。」

探員點了點頭。

「對啊！」

「他就可以說成這一切是副機長計畫的，藉此掩蓋自己的行為，然後再想辦法偷走《艾爾沃斯蒙娜麗莎》。」

「可是，這樣怎麼把畫偷走？」

「等飛機著陸時，把畫藏在雷達罩裡，因為把它藏在那裡，就可以悄悄的把它拿走。降落後會有人搶先來檢查飛機的狀況，那個人就是共犯，所以才會要飛機在中途的機場降落。」

「有炸彈的簡訊，也是為了要讓飛機依計畫降落在阿布達比機場而傳的。對，炸彈應該是不存在的。」

探員看著駕駛艙的方向。

「現在副機長是個問題，機長可能會拆掉駕駛艙的攝影機，然後殺了副機長，再把所有的事都推給副機長。」

智雅和尹選手聽了臉色大變，對他們兩個人來說，副機長是他們重要的媽媽及太太。

羅迪站了出來。

「探員，您身上不是有配槍嗎？不能用那把槍做些什麼事情嗎？」

探員搖搖頭。

「萬一讓飛機出現破洞，可能會因為氣壓差異而出大事，而且不一定能打中。」

這時，車禮祿問了尹選手。

「叔叔，請問您有棒球嗎？」

尹選手看著車禮祿。

「我帶了一個，以備遇到粉絲要簽名。」

「請問，您可以投擲變化球嗎？」

智雅看著爸爸，尹選手摸摸智雅的頭，手裡拿著球，往商務艙的方向去了，探員在後面跟著他。

機會只有這一次，尹選手做好預備姿勢後，把球投往頭等艙內只露出手的機長方向，球在椅子的上面飛了過去。

機長的手槍被打掉，人也向前倒下。探員以最快的速度衝過去，銬住機長的手。智雅跑向爸爸，抱住他的腰。羅迪不禁讚嘆尹選手的

球技一流。

「哇！球飛出去的時候，怎麼會彎曲成那樣？我看球賽時都很好奇。」

車禮祿說：

「因為馬格努斯效應，就跟弗萊特納轉子飛機飛行的原理一樣。」

「咦！變化球跟飛機飛行的原理是一樣的？」

「對，這個以後再說。」

尹選手牽著智雅的手，一起走向駕駛艙的方向，其他人跟在後面。

駕駛艙裡，只見智雅媽媽獨自開著飛機。

「老婆！」

智雅媽媽回頭問：

「智雅沒事吧？」

智雅大叫著。

「媽媽，爸爸用變化球打中機長！」

智雅媽媽看著尹選手，點了點頭。車禮祿和羅迪看了這一幕，也露出了微笑。

現在飛機前面迎來的是霧濛濛的沙塵暴。

因為飛行路線改變，燃料不太足夠，真的需要在阿布達比機場降

落了，探員從飛機前方的玻璃向外看。

「氣候狀況很糟糕。」

智雅媽媽看起來有點緊張。

「這種狀況下，我是第一次獨自駕駛……」

探員問著。

「不能利用自動駕駛降落嗎？」

「這種天氣很危險，一定要靠手動駕駛。」

這時，機長雙手被銬著，仍跑進駕駛艙。男空服員跟在後面想要抓住他，但是他的態度非常不配合。

「這種天氣狀況，像我這樣優秀的飛行員都很難著陸，更何況是副機長？絕不可能！馬上把操縱桿交給我吧！」

空服員們在尹選手和羅迪的協助下，把機長從駕駛艙拖了出來。

智雅媽媽大聲的說：

「各位，請盡快回到座位上！」

除了智雅媽媽外，其他人都離開了駕駛艙。透過機艙的廣播，傳出了智雅媽媽的聲音。

「各位乘客，我是副機長黃庭延。請您坐好、並繫好安全帶，我們即將降落在阿拉伯聯合大公國的阿布達比機場。」

駕駛艙內，智雅媽媽按下按鈕，飛機底部打開，起落架降了下來。二百公尺、一百公尺……，飛機緩緩的下降。

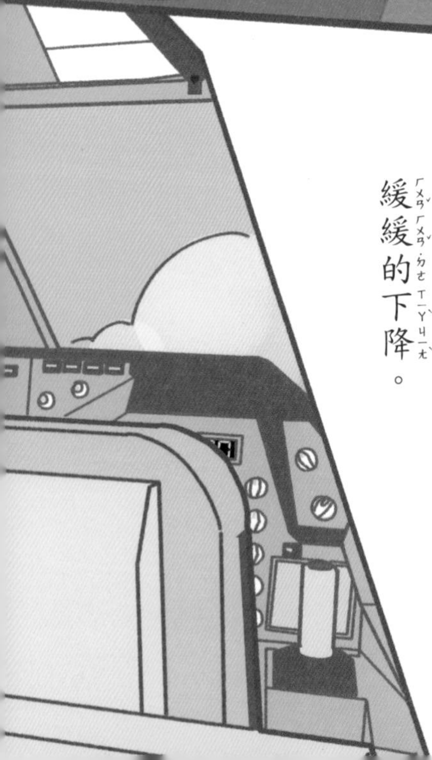

000°
12:00

飛機窗外可以看到沙塵暴，內部產生的震動，讓所有乘客都很緊張。智雅也在座位上發抖，尹選手握住了她的手。

「智雅，我們相信媽媽吧！」

智雅看著爸爸，點點頭。

智雅媽媽試著讓飛機馬上著陸，卻突然有一陣強風影響降落。這時候如果強行落地，輪子可能會斷掉，飛機也可能會落地爆炸。於是智雅媽媽讓飛機重新飛向空中，機翼下方滑過路邊的樹枝，飛機調整了飛行的方向。這時沙塵暴暫時停止了，智雅媽媽把握住這個機會，讓飛機右轉，朝著跑道飛去。她試著慢慢的著陸，當後方的輪子碰到

跑道時，飛機輕輕的晃了一下。

飛機以時速二百公里的速度行駛，智雅媽媽啟動了逆推進的裝置，讓飛機慢慢的減速，前方的輪子也接觸到地面了。飛機持續的減速，最後終於停下來，飛機完美的降落在跑道中間。機上所有乘客大聲歡呼起來，在安全抵達機場的廣播結束後，智雅媽媽從駕駛艙走了出來。

探員對智雅媽媽敬禮示意。

「副機長，這次的飛行真是帥氣！」

智雅媽媽回禮後，跑向智雅抱住她。旁邊的尹選手也張開雙臂抱

著母女兩人，車禮祿和羅迪高興的看著這一幕。

所有的人都下了飛機，原本霧濛濛的沙塵逐漸散去了。《艾爾沃斯蒙娜麗莎》戒備森嚴的轉移到另一架飛往韓國的飛機上。不久之後，一輛修理車迅速地駛向剛著陸的超大型客機，有一名男子下了車，很快的進入飛機內部，他從飛行員休息室下面的門進入雷達罩。

「什麼？怎麼沒有東西？」

這時在他身後有人開口了。

「車禮祿說的沒錯！」

那個人驚嚇的轉了過來。

「你不知道機長被逮捕了吧！你一定是共犯！」

探員拿出了手銬。

後記

車禮祿和羅迪在阿布達比機場，登上飛往韓國的班機，傍晚時抵達仁川國際機場。同一架飛機上的《艾爾沃斯蒙娜麗莎》被搬到運送車上，安全的運到了展場。車禮祿和羅迪下飛機的時候，聽到有人在叫他們的聲音。

「羅迪老師？」

原來是在英國搭同一班飛機的普莉斯汀老師和數學天才馬內克。

看到普莉斯汀老師的羅迪，不由自主的嘴角上揚。

「哎呀！老師，剛剛在飛機上沒嚇到吧！」

普莉斯汀老師笑著說：

「啊，我和馬內克坐在飛機的最上層，根本不知道發生了什麼事。聽說《艾爾沃斯蒙娜麗莎》不見了？」

羅迪挺起胸、露出得意的表情。

「我在這件事上，扮演著重要的角色，是我分辨出那個《艾爾沃斯蒙娜麗莎》是假的。」普莉斯汀老師走向車禮祿，拍了拍他的肩膀。

「聽說車禮祿找到了《艾爾沃斯蒙娜麗莎》？又做了一件大事。」

馬內克拍了拍手。

「車禮祿，你真的好厲害。現在我也來到韓國了，我們以後常常見面吧！」

羅迪在普莉斯汀老師身後，小聲地說：

「那個，我扮演重要的角色……」

「那我們就先告辭了。」

羅迪失落地看著普莉斯汀老師離去的背影。此時，尹選手和智雅走了過來，智雅對著車禮祿說：

「車禮祿，你知道我的電話號碼，以後再見喔！」

「好啊！」

車禮祿和智雅互相揮手道別，尹選手也微笑著向羅迪道別。

羅迪和車禮祿一起走出了機場，開口說：

「真的比預期還要晚到，等待的人都走了。」

車禮祿也鬆了一口氣。

「總算可以回到家了。」

「我家？還是你家？我們現在可以去你家嗎？車禮祿，從你來我家後，不是房子失火，就是牆壁被弄出一個大洞，好像一直在發生意

外。」

「生活中難免會發生這種事，平常心看待吧！」

「是這樣吧，哈哈哈！」

聽了車禮祿的話，羅迪暢快的大笑。與隨和又冒失的羅迪相處後，車禮祿好像有些不一樣了，原本拘謹的個性變得比較活潑。另一方面，羅迪也學習車禮祿解決問題時的思考及推理能力，雖然羅迪還不能像車禮祿一樣可以解決什麼問題。

當車禮祿和羅迪正往機場外移動時，突然聽到有人叫他們的聲

音，他們往後一看，竟然是住在無人島被曬黑的車禮祿爸爸和媽媽在揮手。車禮祿的媽媽跑了過來、抱住車禮祿，而爸爸則從旁邊不停的親著他的臉頰。

「爸爸，我都幾歲了，不要親了……」

「嗯，寶貝！不管你幾歲，對我來說都是孩子，哈哈哈！」

羅迪微笑的看著車禮祿一家人，突然想起了已故的父親。

「啪！」

「啊！」

有人拍了一下羅迪的後背，羅迪轉身看到的是，對自己有一頭白

色捲髮而感到驕傲的媽媽。

「唉呀！你這小子，又被炒魷魚了！」

「啊，媽！我都多大了，還在路上打我！」

羅迪的媽媽又打了他的肩膀。

「你這小子，竟敢在媽媽面前提年紀！」

「啪！啪！」

「啊！媽！」

就這樣，一陣陣車禮祿的笑聲和羅迪抱怨的痛苦聲，從傍晚的機場向外傳去。

車禮祿解開謎團
最關鍵的科學知識

飛機可以自由的在空中飛行，主要是運用四種力。那就是升力、重力、推力和阻力。

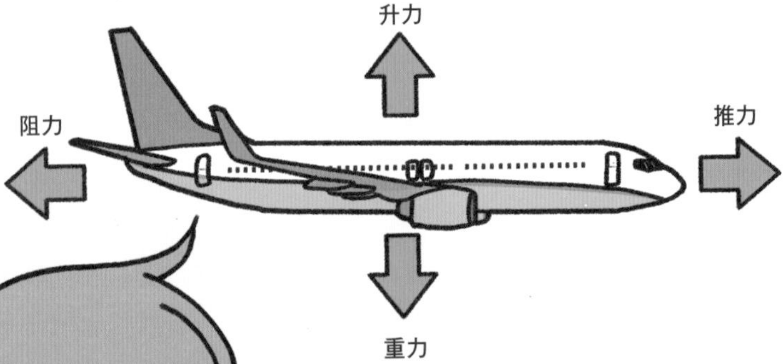

你看過啟動引擎後在跑道上滑行的飛機嗎？推動飛機前進的力就是推力。因為有了推力，飛機就可以加速前進，當氣流通過機翼後，就產生了升力。當升力大於把飛機往下拉的重力時，飛機就會慢慢升起。為了讓飛機的速度變慢，就需要阻力，阻力也被稱為抵抗力，是因為空氣的摩擦而產生的。飛機欲減少空氣阻力，形狀才會像魚一樣呈流線型。

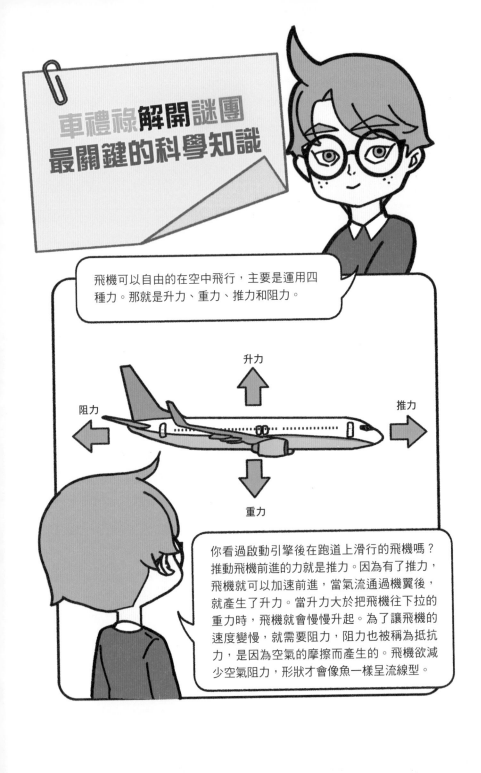

如果你快速向前丟球，它會朝一個方向運動，直到它落下。但如果球在旋轉，情況就不同了。如果球本身旋轉的方向如下圖的逆時針旋轉方向，那會怎麼樣呢？就如同受到升力的飛機機翼的上表面和下表面一樣，上表面的空氣快速通過，下表面的空氣通過速度則較慢。由於球旋轉時可以帶動周圍空氣跟著旋轉，使得球某一側的空氣流速增加，另一側流速減小，這種流速差異就會造成不同的壓力。那麼球前進時，就會向壓力較低的方向彎曲，而投出一個上飄球。

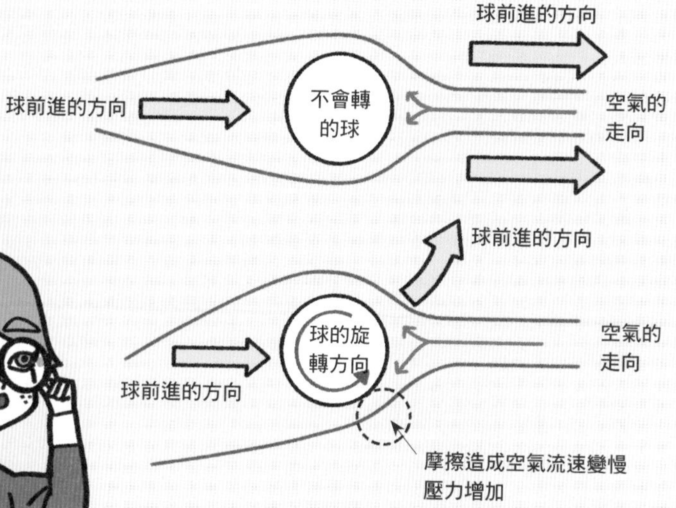

馬格努斯效應指的是當物體在旋轉時，經過氣體或液體時，從壓力大往壓力小的地方彎曲的現象。過去的戰爭中，使用大炮發射圓球形炮彈時，會無法射中目標。1852 年，德國的馬格努斯發現，向前飛的炮彈旋轉時，會彎向另一邊是因為空氣的壓力差異。1672 年，發現萬有引力而聞名的牛頓，看到網球彎曲的樣子，就已經說明了這種效應。空氣、水這類的物質稱為流體。瑞士數學家白努利於 1700 年代發現一個定律：當流體快速流動的時候，壓力較小；流體速度較慢，壓力則較大。不管是升力或馬格努斯效應，都說明了「白努利定律」，那就是流體的速度和壓力之間的關係。

棒球是一項很好用來說明馬格努斯效應的運動，棒球有很多種的變化球。能夠投出多樣化的變化球，跟棒球上的縫線有很大的關係。球在快速旋轉時，縫線的部分也會影響空氣的流動。因此，投手可以藉由不同的握住方式、旋轉方式，來投出各種不同的球路。
聽過香蕉球嗎？足球比賽中，球員踢球的時候，若是用力踢某一邊，球會旋轉的非常快。隨著球旋轉的方向，球的兩側會產生不同的空氣流速，所以球在空中飛行的路徑，會像一根彎彎的香蕉。球在快速旋轉飛行的過程中，突然改變方向，而進入了球門。
球旋轉方向
空氣流速變慢
壓力變大
空氣阻力
空氣流速變快
壓力變小
除了棒球或足球，排球、網球、桌球、高爾夫球等球類的運動比賽中，也可以看到馬格努斯效應。

第五冊再見了

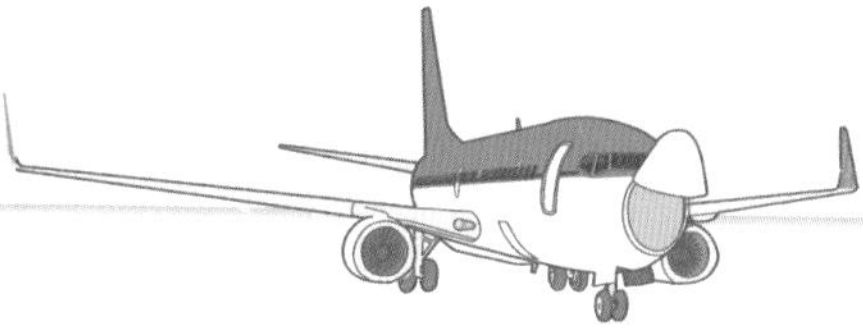

故事館 022

科學天才小偵探 4：蒙娜麗莎失蹤之謎

꼬마탐정 차레로 모나리자 하이재킹

作　　者　金容俊 김용준
繪　　者　崔善惠 최선혜
譯　　者　吳佳音
語文審訂　張銀盛（臺灣師大國文碩士）
責任編輯　李愛芳
封面設計　張天薪
內頁設計　連紫吟．曹任華

出版發行　采實文化事業股份有限公司
童書行銷　張惠屏．侯宜廷．林佩琪．張怡潔
業務發行　張世明．林踏欣．林坤蓉．王貞玉
國際版權　鄒欣穎．施維真．王盈潔
印務採購　曾玉霞．謝素琴
會計行政　許俽瑀．李韶婉．張婕莛
法律顧問　第一國際法律事務所　余淑杏律師
電子信箱　acme@acmebook.com.tw
采實官網　www.acmebook.com.tw
采實臉書　www.facebook.com/acmebook01
采實童書粉絲團　www.facebook.com/acmestory

ISBN　978-626-349-324-7
定　　價　320 元
初版一刷　2023 年 7 月
劃撥帳號　50148859
劃撥戶名　采實文化事業股份有限公司
104台北市中山區南京東路二段95號9樓
電話：(02)2511-9798　傳真：(02)2571-3298

國家圖書館出版品預行編目資料

科學天才小偵探 . 4, 蒙娜麗莎失蹤之謎 / 金容俊作 ; 崔善惠繪 ; 吳佳音譯 .-- 初版 .-- 臺北市 : 采實文化事業股份有限公司 ,2023.07
144 面 ; 14.8×21 公分 . -- (故事館 ; 22)
譯自 : 꼬마탐정 차레로 모나리자 하이재킹
ISBN 978-626-349-324-7(平裝)

1.CST: 科學 2.CST: 通俗作品
307.9　　112008235